BEI GRIN MACHT SICH IHR WISSEN BEZAHLT

- Wir veröffentlichen Ihre Hausarbeit, Bachelor- und Masterarbeit

- Ihr eigenes eBook und Buch - weltweit in allen wichtigen Shops

- Verdienen Sie an jedem Verkauf

Jetzt bei www.GRIN.com hochladen und kostenlos publizieren

Stefan Heyen

Finite Elemente Methode Labor

GRIN Verlag

Bibliografische Information der Deutschen Nationalbibliothek:

Die Deutsche Bibliothek verzeichnet diese Publikation in der Deutschen National-
bibliografie; detaillierte bibliografische Daten sind im Internet über http://dnb.d-
nb.de/ abrufbar.

Impressum:

Copyright © 2013 GRIN Verlag GmbH
Druck und Bindung: Books on Demand GmbH, Norderstedt Germany
ISBN: 978-3-656-49185-9

Dieses Buch bei GRIN:

http://www.grin.com/de/e-book/232057/finite-elemente-methode-labor

Finite Elemente Methode Labor

Laborteilnehmer

Stefan Heyen

Inhaltsverzeichnis

1. **Einleitung** 3

2. **Labordurchführung** 3

    2.1.   *System Kragarm* 3

        2.1.1. Balkenmodell 4

        2.1.2. Schalenmodell 6

        2.1.3. Volumenmodell 9

    2.2.   *2D Scheibe/ Platte mit einspringender Ecke* 12

        2.2.1. Einfluss einer einspringenden scharfen Ecke 13

        2.2.2. Einfluss einer Ausrundung und lokale Netzverfeinerung 14

        2.2.3. Freistich 17

    2.3.   *Beulanalyse* 24

    2.4.   *Modalanalyse* 28

    2.5.   *Transiente Berechnung* 30

3. **Fazit** 37

4. **Abbildungsverzeichnis** 38

5. **Tabellenverzeichnis** 39

6. **Literaturverzeichnis** 39

1. Einleitung

Das Labor FEM dient dazu, den in der Vorlesung vermittelten Stoff in der Praxis anzuwenden. Es wird die grundlegende Handhabung mit dem Programm ANSYS an einfachen statischen Systemen vermittelt. Dabei ist es wichtig die Parameter individuell auf das gewünschte Bauteil anzupassen, um eine korrekte Berechnung zu gewährleisten. Denn in der Praxis, gewinnt die FEM immer mehr an Stellenwert, jedoch kann das Programm nur dann korrekt arbeiten, wenn der Bediener die individuellen Randbedingungen des jeweiligen Bauteils beachtet.

2. Labordurchführung

Im Labor wurden an mehreren Veranstaltungen verschiedene statische Systeme in unterschiedlichen Modellen erstellt und berechnet.

2.1. System Kragarm

Die erste Aufgabe bestand in der Erstellung eines Kragarms als I - Träger. Dieser wird in drei verschiedenen Modellen ausgeführt welche am Ende miteinander verglichen werden.

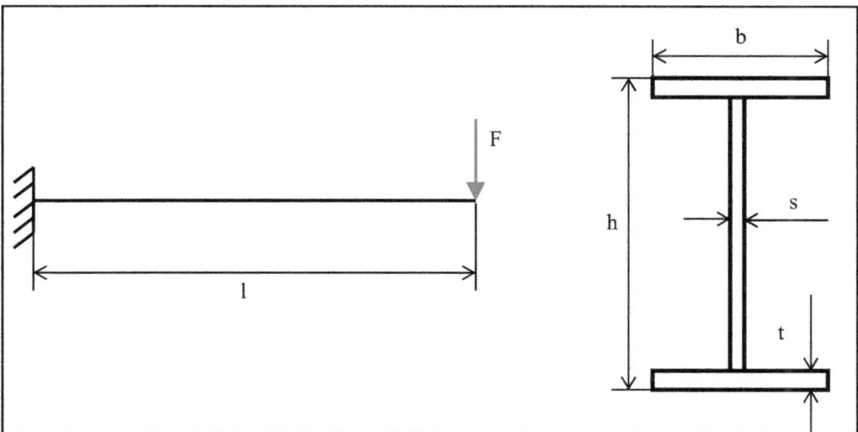

Abbildung 1: Geometrische Abmessungen Kragarm

Parameter: b: 70   mm   t: 9 mm   E: 210 kN/mm²

             h: 140   mm   s: 6 mm   v: 0,3

             l: 1400 mm   F: 1400 N

2.1.1. Balkenmodell

Aufgabe ist es, einen Balken zu erstellen, bei dem das Geometriemodell aus einer Linie besteht. Zunächst werden die Materialeigenschaften wie der E – Modul und die Querkontraktionszahl zugewiesen. Dann wird in der gewählten Ebene eine Linie der Länge l erzeugt. Der Linie wird nun ein Querschnitt zugewiesen, in diesem Fall ein I – Profil. Als nächstes wird der Balken mit einer Kraft belastet und auf der Gegenseite fest gelagert. Das fertige Balkenmodell wird jetzt durch das Programm auf Verformungen berechnet.

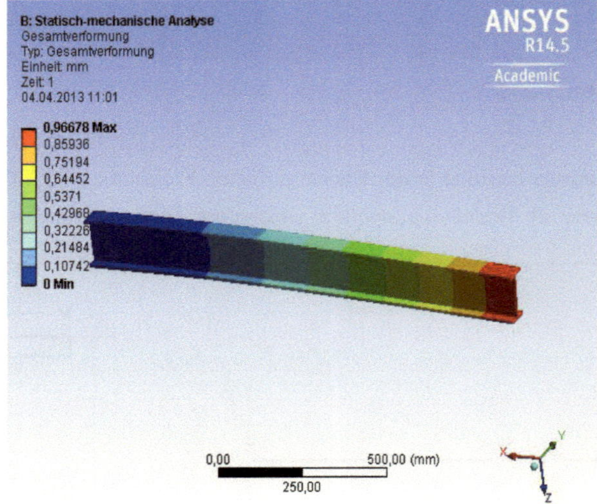

Abbildung 2: Verschiebung

Das Programm liefert die im Bild ersichtliche Belastungsanalyse, in der die Verformungen in den einzelnen Netzelementen bestimmt wurde. Die größte Verformung tritt erwartungsgemäß im vorderen Bereich (rot gekennzeichnet) auf.

Elementtyp	Anzahl der Elemente	$[w]_{max}$
Ohne Mittenknoten	21	0,9953
	1	0,9953
Mit Mittenknoten	21	0,9953
	1	0,9953

Tabelle 1: Verschiebung in Abhängigkeit von Knoten und Elementen

Aus der Tabelle ist ersichtlich, dass ein Element zwischen den Systemknoten genügt, um die richtige Lösung zu berechnen. Es verhält sich Superkonvergent, dies ist eine Ausnahme die bei Balken auftritt.

Beim Punkt „ Ohne Mittenknoten" ist jedoch noch ein interner Mittenknoten vorhanden. Dieser wird durch die Eingabe des Befehls

```
/prep7
etcon,off
keyopt,1,3,0
/sol
```

abgeschaltet.

Elementtyp	Anzahl der Elemente	$[w]_{max}$
Tatsächlich ohne Mittenknoten	1	0,85335
	2	0.95984
	4	0,98646

Tabelle 2: Verschiebung ohne Mittenknoten

Jetzt da tatsächlich keine Mittenknoten mehr vorhanden sind, konvergiert die max. Verschiebung gegen die richtige Lösung. Abschließend ist also zu sagen, dass die korrekte Lösung von der Netzdichte und der Formulierung des Elements abhängig ist.

2.1.2. Schalenmodell

Die zweite Aufgabe beschäftigt sich ebenfalls mit dem Kragarm unterscheidet sich aber durch die Modellierung. In diesem Fall wird das Bauteil durch Schalen erstellt. Dazu werden drei Skizzen angefertigt, welche sich gegenseitig überschneiden (siehe Abb.3). Anschließend werden diese extrudiert, wobei darauf zu achten ist, den Steg gefroren hinzuzufügen. Letztlich werden die Teile noch zu einer Baugruppe verbunden.

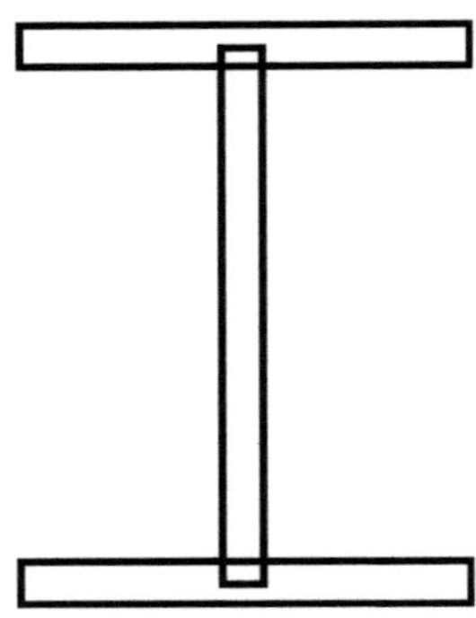

Abbildung 3: Einzelskizzen

Vor der Berechnung wird die einwirkende Kraft sowie die fixierte Lagerung am Modell eingegeben. ANSYS kann nun das Bauteil auf Biegung und Schubspannung berechnen.

Tabelle 3: Biegung/Spannung in Abhängigkeit der Elementgröße bei Punktlast

Netzweite	$[w]_{max}$	$[\tau]_{max}$
35	0,9668	3,2032
17,5	0,9683	5,0797
8,75	0,9691	7,8881
4,375	0,9697	12,6070
2,1875	0,9701	21,7000

„Konvergiert"   *„nicht Konvergiert"*

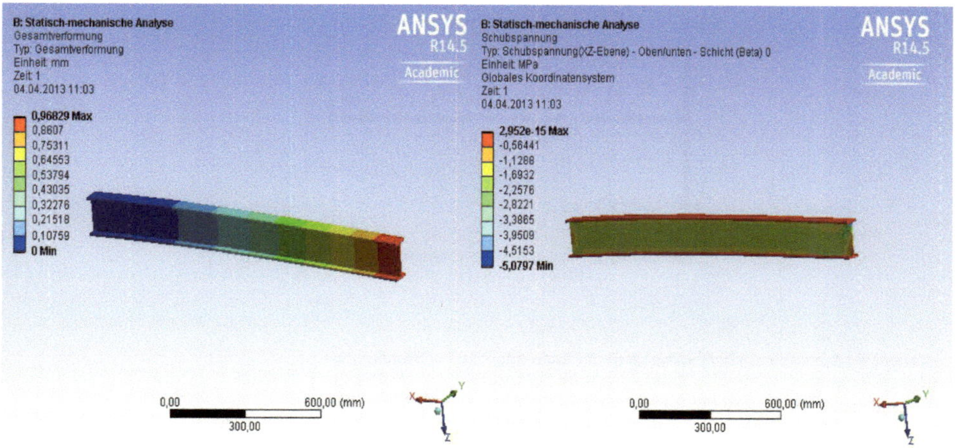

Abbildung 4: Durchbiegung/ Schubspannung Schalenelement (Elementgröße 17,5)

Beim Betrachten der Tabelle fällt zunächst auf, dass sich die Biegung konvergent verhält. Die Schubspannung hingegen variiert mit der Elementgröße. Je feiner die Netzstruktur desto größer werden die Spannungen. Zu begründen ist dies damit, dass die Kraft als punktförmige Einzellast in das System eingeleitet wird.

Es gilt:

$$\tau = \frac{F}{A}$$

wenn die Fläche (A) aber gegen null geht $\rightarrow$ wird die Spannung unendlich groß (Spannungssingularitäten).

Um eine korrekte Berechnung der Schubspannung zu erreichen wird im nächsten Schritt die Punktlast durch eine Streckenlast ersetzt. Dazu wird die Geometrie des Trägers geschnitten. Das Problem der Spannungssingularität kann so unterbunden werden, weil die Last nicht mehr nur punktuell wirkt.

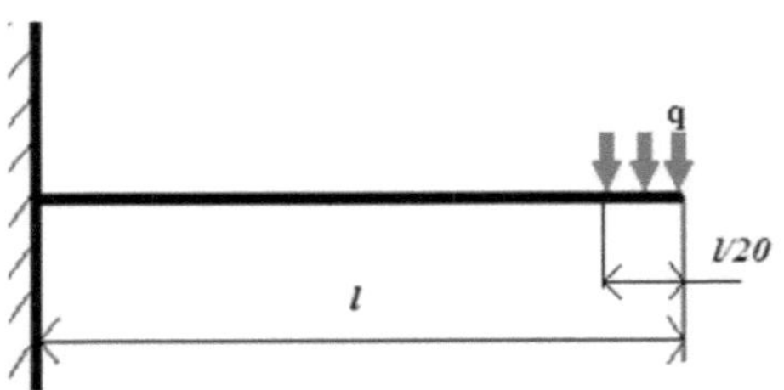

Abbildung 5: Kragarm mit Streckenlast

Tabelle 4 : Spannungen in Abhängigkeit der Elementgröße bei Streckenlast

Netzweite	$[w]_{max}$	$|\tau_{max}|$
standard~35	0,92904	1,4240
35	0,92904	1,4240
17,5	0,92474	1,7132
8,75	0,92999	1,8628
4,375	0,93009	1,9314

Mit verfeinerter Elementgröße wird die Schubspannung konvergent. Der Einsatz einer Streckenlast ist also eine Möglichkeit die Spannungssingularitäten zu verhindern. Die vorhandene Biegung ist etwas geringer, da durch die eingesetzte Streckenlast der wirkende Hebelarm verkürzt wurde.

Alternativ wollen wir nun lokal das Netz verfeinern (Verfeinerung nur im begrenzten gewählten Bereich) siehe Abb.6. Die Gesamtnetzweite bleibt standardmäßig auf 35 eingestellt.

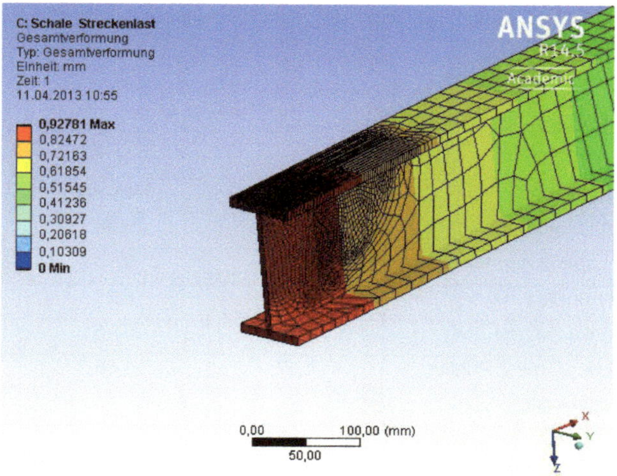

Abbildung 6: Lokale Netzverfeinerung

Tabelle 5 : Schubspannung bei lokaler Netzverfeinerung

Lokale Netzweite	U_{max}	$|\tau_{steg}|$
17,5		1,8212
8,75		1,8639
4,375	0,929	1,9586
2,1875		1,9671

Lokale Größen können auch durch eine lokale Netzverfeinerung hinreichend genau berechnet werden. Eine weitere Möglichkeit wäre auch die automatische Verfeinerung zu nutzen. Diese hat jedoch den Nachteil, dass der betrachtete Bereich nicht beliebig gewählt werden kann.

2.1.3. Volumenmodell

Im Vergleich zu den bisher kennen gelernten Methoden der Modellierung wird der Kragarm hier aus drei Volumenelementen erstellt. Dabei wird zunächst der obere und untere Flansch aus einem Quader erzeugt und anschließend der Steg, der wiederum gefroren hinzugefügt werden muss. Abschließend werden die drei Einzelvolumen zu einer

Baugruppe zusammengefügt und können nach Festlegung der Kraft und Lagerung berechnet werden.

Tabelle 6: Verschiedene Lagerungsarten beim Volumenmodell

Lagerung	Max. σ_x	Max. σ_y	Max τ_{yz}
Fixierte Lagerung	8,01	6,98	3,74
Fixierte Lagerung v = 0	0,84	0,73	1,95
U_x nur 2 Punkte v = 0,3	3,07	6,25	3,42
U_x nur 2 Punkte; U_y nur Steg	2,85	3,45	4,43
U_x nur 2 Punkte; U_y nur 2 Punkte; Gegenkraft	1,37	1,88	1,95
U_x nur 2 Punkte; U_y nur Steg; externe Verschiebung; keine Gegenkraft	1,17	1,44	1,95

Versuchsweise werden nun unterschiedliche Lagerungen an dem Modell ausprobiert, welche aus Tabelle 6 und Abb.7 ersichtlich sind.

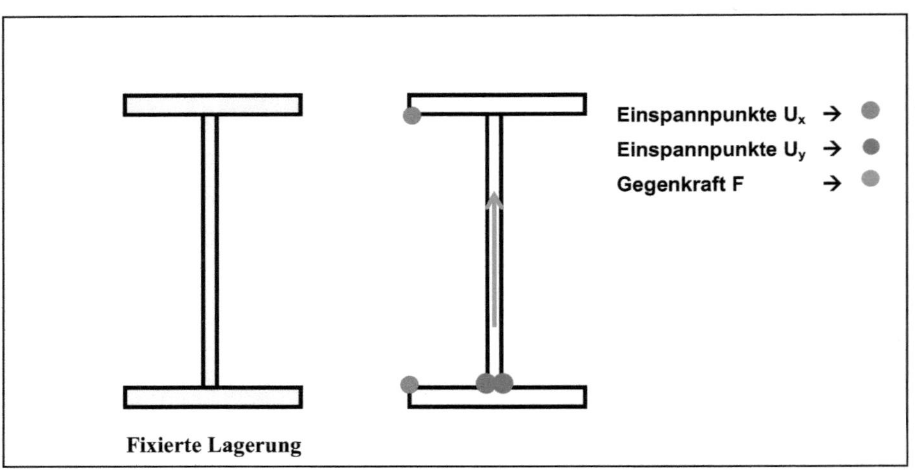

Abbildung 7 : Lagerungspunkte

Bei der fixierten Lagerung treten Zwängsspannungen in x und y Richtung auf, was auf die Querkontraktion zurückzuführen ist. Die einzelnen Variationen der Lagerungen weisen ebenfalls noch Zwängsspannungen auf, die zwar schon geringfügiger sind, aber noch optimiert werden können. Die letzte Einspannung ist mit externer Verschiebung, hier werden die Zwängsspannungen stark reduziert und können als recht konvergent gegen den wahren Wert angenommen werden.

Das Beispiel zeigt uns, dass es wichtig ist sich mit den Randbedingungen eines FEM-Modells zu beschäftigen. Denn falsche oder zu viele Bedingungen führen zu Zwängsspannungen im Modell und verfälschen damit die Berechnungsergebnisse.

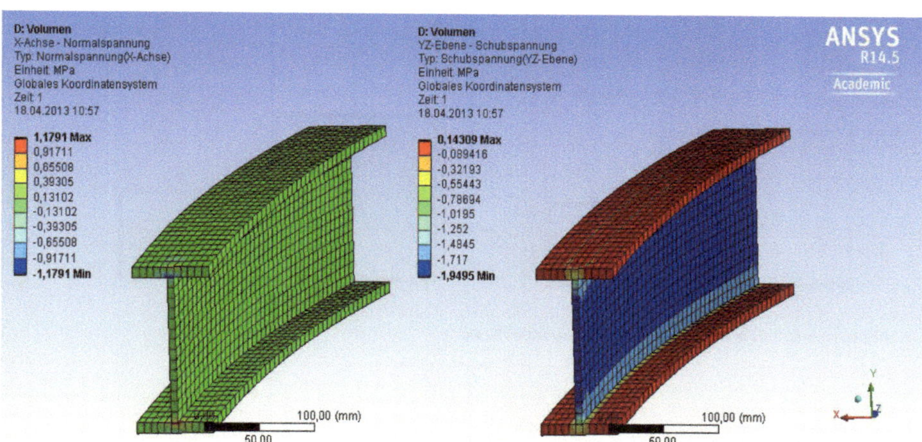

Abbildung 8: Spannungen bei der externen Verschiebung

2.2. 2D Scheibe/ Platte mit einspringender Ecke

Die nächste Aufgabe beschäftigt sich mit einem Flächenmodell. Es soll der Einfluss von Spannungen an unterschiedlichen Geometrien an einer einspringenden Ecke untersucht werden (Kerbwirkung). Dazu wird das Modell siehe Abb.9 im 2D Modus mit Hilfe von zwei Rechtecken erzeugt und mit der Funktion Trimmen die Kanten rechts und oben entfernt. Ihm wird eine Dicke zugewiesen und eine Flächenlast P aufgebracht. Die Einspannungen finden an der linken und der unteren Kante statt.

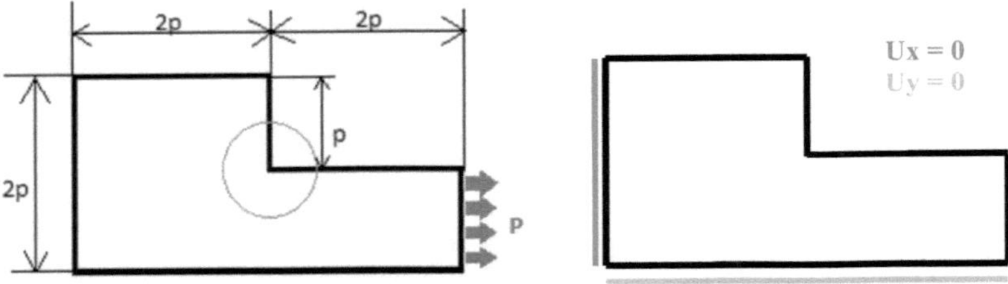

Abbildung 9: Flächenmodell mit einspringender Ecke

Parameter: P: 140 N/mm²   p: 140mm

2.2.1. Einfluss einer einspringenden scharfen Ecke

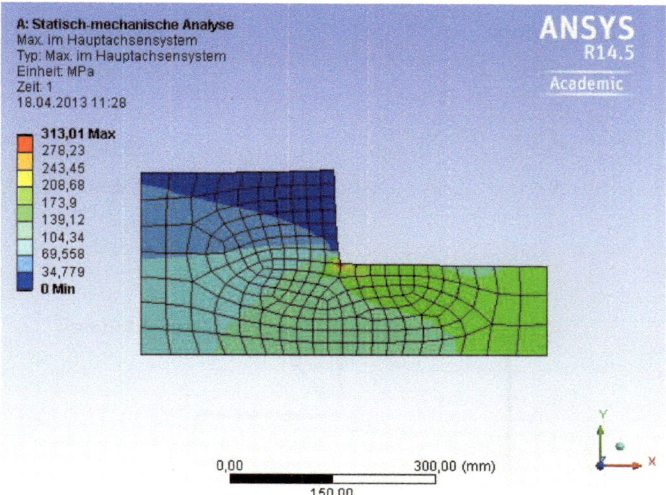

Abbildung 10: Fläche mit einspringender Ecke

Die Hauptspannung in der Kerbe wird zunächst im Standardnetz betrachtet. In diesem Fall haben wir eine Standardnetzgröße von 47. Später wurde dann die Elementgröße Schritt für Schritt reduziert.

Tabelle 7: Spannungen an der einspringenden Ecke

Elementlänge	max. σ_1
~ Standardnetz 47	220,46
20	313
10	435,9
5	574
2,5	807

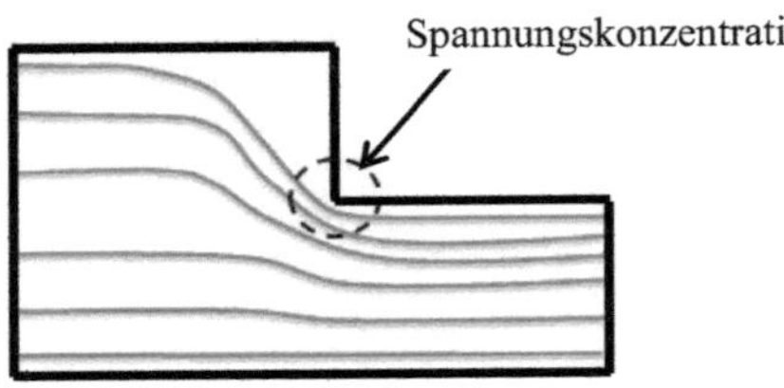

Abbildung 11: Spannungsverlauf

Anhand der Tabelle wird klar, dass mit sinkender Elementgröße die Spannungen steigen. Dies zeigt, dass es an der scharfen Ecke zu Spannungskonzentrationen kommt, die mit sinkender Elementgröße zu einer Spannungssingularität führen.

2.2.2. Einfluss einer Ausrundung und lokale Netzverfeinerung

Zur Senkung der Spannungskonzentrationen wird eine Ausrundung in die scharfe Ecke eingebracht (siehe Abb. 12). Der Radius dieser Ausrundung beträgt 40mm. Die Fläche wird nun wieder auf Spannungen berechnet, wobei in diesem Fall nur die Ausrundung mit lokaler Netzverfeinerung bearbeitet und betrachtet wird.

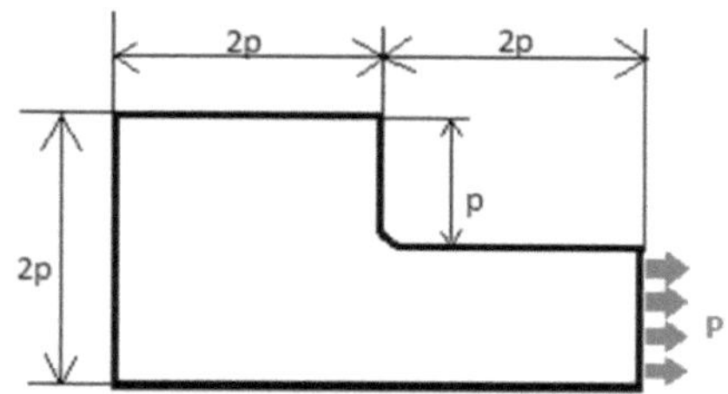

Abbildung 12: Flächenmodell mit Ausrundung

Daraus ergibt sich:

Tabelle 8: lokale Netzverfeinerung der Ausrundung

Elementgröße	max. σ_1/ N/mm²
20	292
10	297,6
5	305,2
2,5	308

Alternativ wurde an den 2 Kanten lokal verfeinert und wieder die Spannung untersucht.

Tabelle 9: lokale Netzverfeinerung der beiden Kanten

Elementlänge	max. σ_1/ N/mm²
20	299,59
10	300,30
5	305,3
2,5	307,9
1,25	308,1

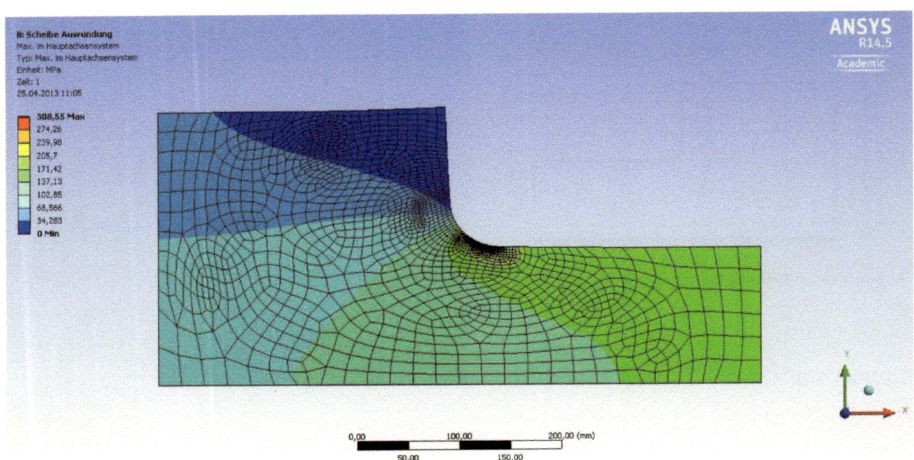

Abbildung 13: Flächenmodell mit Ausrundung

Es ist zu erkennen, dass die Ausrundung die Kerbwirkung deutlich reduziert. Mit sinkender Netzgröße werden die Spannungen näherungsweise konvergent. Die alternative Netzverfeinerung mit 2 Kanten hat nur eine geringfügig bessere Konvergenz gebracht.

Der folgende Schritt soll die Verwendung eines Parameters in ANSYS zeigen. Der Radius aus dem Bauteil wird nun als Parameter deklariert. Dies dient dazu, den Radius zu ermitteln, bei dem die Hauptnormalspannung minimal ist. In den Parametereinstellungen auf der Projektseite werden nun Konstruktionspunkte erzeugt, zu denen anschließend die zugehörige Spannung berechnet wird.

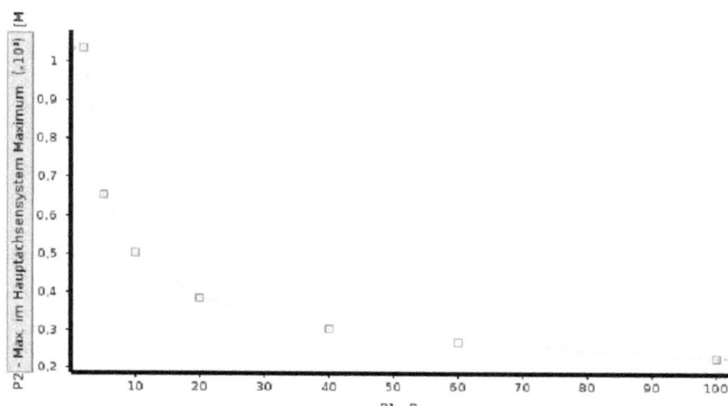

Abbildung 14: Spannung in Abhängigkeit vom Radius

Aus dem Diagramm wird ersichtlich, dass mit steigendem Radius auch die Hauptnormalspannung sinkt. Jedoch ist die Größe des Radius begrenzt, da die Geometrie die Funktion des Bauteils stören kann. Radien können Kerbwirkungen also reduzieren, doch haben sie den Nachteil, dass die geometrische Form so verändert wird, dass sie eventuell nicht mehr den erforderlichen Ansprüchen genügt.

2.2.3. Freistich

2.2.3.1. Optimierung

Um die geometrischen Abmaße nicht so zu verändern, dass das Bauteil nicht mehr seine Funktion ausüben kann, soll nun das Einbringen eines Freistiches untersucht werden. In Abb. 15 ist der Freistich in der scharfen Ecke dargestellt, welcher mit einem Radius und einem Abstand bemaßt ist.

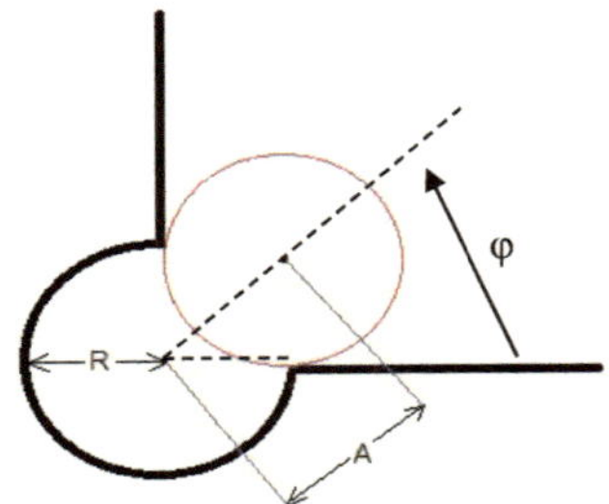

Abbildung 15: Flächenmodell mit Freistich

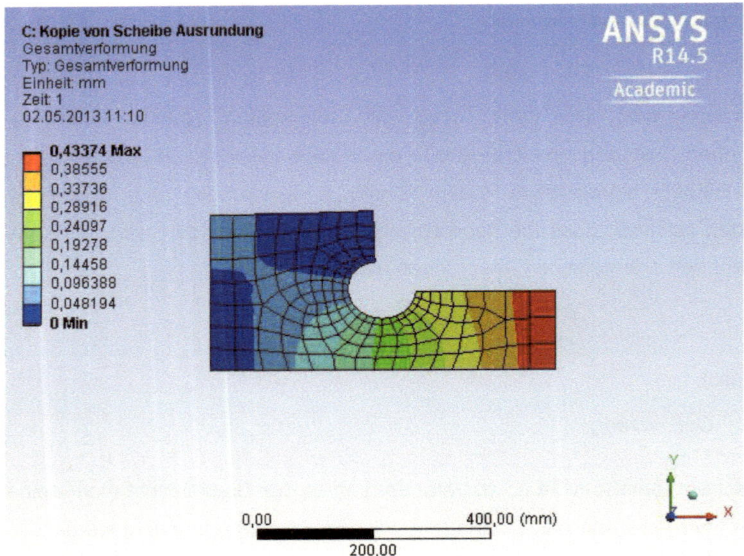

Abbildung 16: Flächenmodell mit Freistich

Für diese Aufgabe wurde das oben beschriebene Modell erneut verwendet. Der Radius des Freistichs wurde wieder als Parametersatz deklariert. So besteht die Möglichkeit das ANSYS automatisch den Radius berechnet bei dem die Hauptnormalspannung am kleinsten ist. Um den optimalen Radius herauszufinden sind mehrere Schritte nötig. Die von uns vorgenommenen Einstellungen wurden in Klammern hinter dem jeweiligen Schritt dokumentiert.

1. Design Point festlegen (Radius des Freistichs)
2. Optimierungsziel festlegen (Hauptspannungsminimum)
3. Nebenbedingungen festlegen (keine)
4. Stützstelle auswählen (DOE)
5. Antwortfläche auswählen (quadratische Funktion)
   → Minimum Antwortfläche festlegen

In der DOE (Design of Experiments) kann ein Wertebereich festgelegt werden, in dem ANSYS die optimalste Lösung sucht. Bei uns wurde der Radiusbereich von 10 bis 50 mm gewählt. Das Programm berechnet nun die Radien an denen die Spannung am kleinsten ist und stellt diese in einem Diagramm dar.

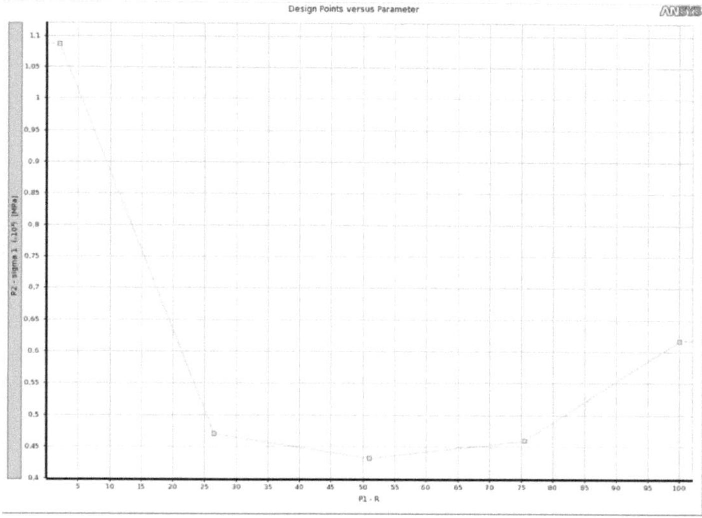

Abbildung 17: Parameter Auswertung

Zur weiteren Optimierung wurde das Minimum der Antwortfläche mittels der NLPQL-Optimierungsmethode (Non-Linear Programming Quadratic Linesearch) bestimmt und die Ergebnisse verifiziert.

	A	B	C	P2 - sigma 1 (MPa)	
1	Referenz	Name ▼	P1 - R ▼	Parameterwert	Variation der Referenz
2					
3	◉	Kandidat 1	49,253	★★★ 425,47	0,00%
4	○	Kandidat 1 (bestätigt)		★★★ 430,32	1,14%
5	○	Kandidat 2	54,381	★★★ 427,16	0,40%
6	○	Kandidat 2 (bestätigt)		★★★ 432,57	1,67%
7	○	Kandidat 3	59,477	★★★ 431,97	1,53%
*		*Neuer benutzerdefinierter Kandidat*	*51*		

Abbildung 18: Ergebnis der Parameterstudie

Der optimale Radius liegt hier bei 49,253 mm. Hier ist die Hauptnormalspannung am geringsten.

2.2.3.2. Optimierung mit Nebenbedingung

Im folgenden sollen nun mehrere Designvariablen sowie Zielfunktionen gleichzeitig betrachtet werden. Dabei ist das Ziel das Volumen bei einer vorgeschriebenen Spannungsobergrenze zu minimieren.

Das Volumen des Bauteils wird nun ebenfalls als Parameter deklariert. Die DOE sowie die Antwortflächen können nun aktualisiert werden.

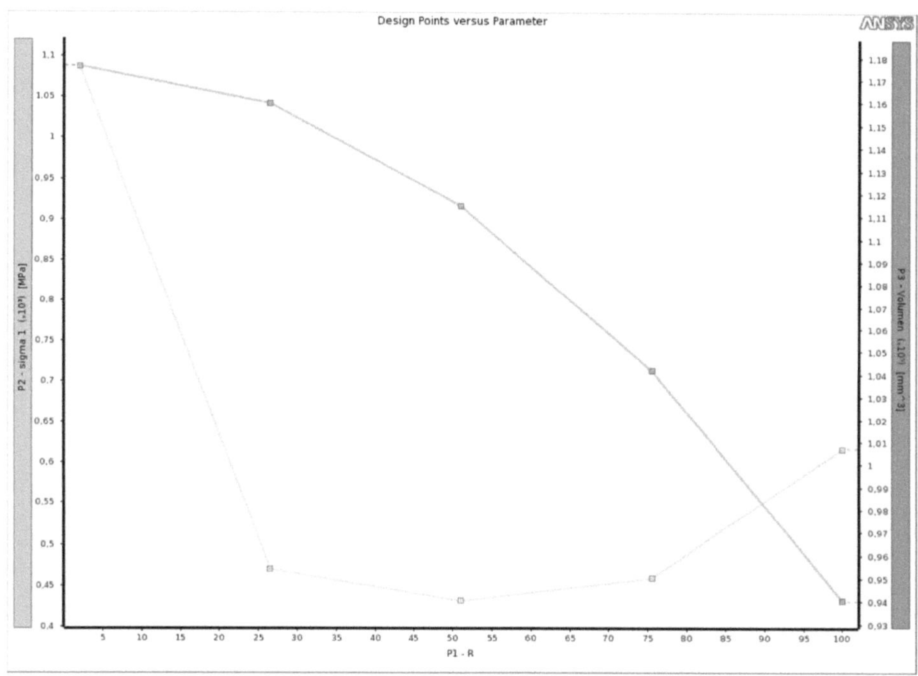

Abbildung 19: Radius in Abhängigkeit von Spannung und Volumen

In der Optimierung muss nun das zu minimierende Ziel sowie die einzuhaltende Spannungsobergrenze fesgelegt werden(Abb.20).

	A	B	C	D	E	F	G
1	Name	Parameter	Zielfunktion		Zwangsbedingung		
2			Typ	Ziel	Typ	Untere Grenze	Obere Grenze
3	P1	P1 - R	Kein Ziel		Keine Bedingung		
4	P2 <= 500 MPa	P2 - sigma 1	Kein Ziel		Werte <= Obere Grenze		500
5	minimiere P3	P3 - Volumen	Minimieren		Keine Bedingung		
*							

Abbildung 20: Optimierungseinstellungen

Das Programm berechnet nun das minimal mögliche Volumen unter Berücksichtigung der zulässigen Spannungsobergrenze.

Zur weiteren Optimierung wird im nachfolgenden Schritt nun der Abstand a sowie der Winkel Phi als Parameter deklariert. Der Radius ist mit 49,253 mm fest und nicht mehr veränderlich. Vom Anfang verwenden wir die Spannung 489,6 $\frac{N}{mm^2}$, den Abstand (a) 25,005 mm und den Winkel (phi) 180° als Standard. Danach wird dann die DOE-Optimierungsmethode angewendet. Jetzt berechnet das Programm die optimale Position des Mittelpunktes vom Freistich.

	A	B	C	D	E
	Name	P4 - phi	P5 - a	P2 - sigma 1 (MPa)	P3 - Volumen (mm^3)
1					
2	1	180	25,005	489,6	1,0309E+05
3	2	162	25,005	453,52	1,0382E+05
4	4	180	0,01	499,65	1,0102E+05
5	5	180	50	489,75	1,0495E+05
6	6	162	0,01	499,63	1,0102E+05
7	8	162	50	418,69	1,0681E+05
8	9	90	25,005	386,75	1,0309E+05
9	10	270	25,005	770,69	98957
10	11	270	50	3326,9	97092
11	12	90	50	323,68	1,0495E+05
*	Neuer Design Point				

Abbildung 21: Ergebnisse der Optimierung des Abstands und Winkels

Nun stellen wir eine Begrenzung für den Abstand und den Winkel ein. Der Abstand wurde zwischen 40 mm und 50 mm begrenzt und der Winkel im Bereich 330° bis 359,9°. Die Variablen werden nun von ANSYS berechnet.

	A	B	C	D	E	F	G	H
					P2 - sigma 1 (MPa)		P3 - Volumen (mm^3)	
	Referenz	Name	P4 - phi	P5 - a	Parameterwert	Variation der Referenz	Parameterwert	Variation der Referenz
1								
2								
3	◎	Kandidat 1	355,82	49,8	498,94	0,53%	97017	-0,05%
4	◎	Kandidat 1 (bestätigt)			513,75	3,51%	96991	-0,08%
5	◎	Kandidat 2	355,1	48,862	499,61	0,67%	97038	-0,03%
6	◎	Kandidat 2 (bestätigt)			524,18	5,62%	97035	-0,03%
7	◉	Kandidat 3	358,69	49,917	496,3	0,00%	97064	0,00%
8	◎	Kandidat 3 (bestätigt)			503,88	1,53%	97060	0,00%
*		Neuer benutzerdefinierter Kandidat	344,95	45				

Abbildung 22: Verifizierte Ergebnisse

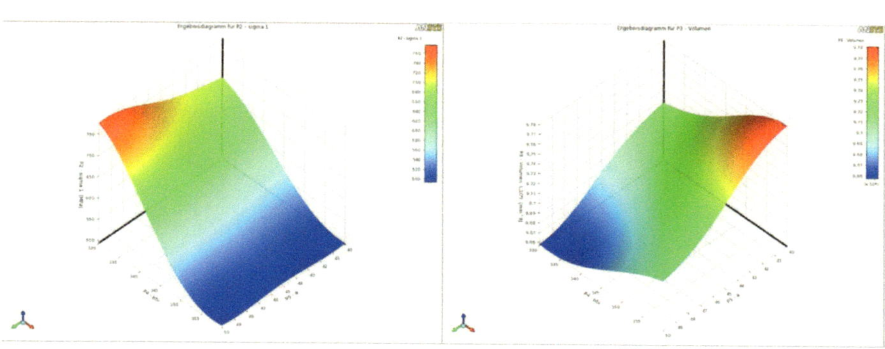

Abbildung 23: Antwortflächen

Aufgrund der schlechten Approximation der Ergebnisse wurde der Designraum noch ein weiteres mal verkleinert. Phi sollte nun in einem Wertebereich von 350 - 359,9° und a von 45-50mm begrenzt sein.

	A	B	C	D	E	F	G	H
1					P2 - sigma 1 (MPa)		P3 - Volumen (mm^3)	
2	Referenz	Name	P4 - phi	P5 - a	Parameterwert	Variation der Referenz	Parameterwert	Variation der Referenz
3	◌	Kandidat 1	358,87	49,666	★★★ 498,83	0,15%	― 97126	-0,03%
4	◌	Kandidat 1 (bestätigt)			✕ 502,84	0,96%	★ 97082	-0,08%
5	◌	Kandidat 2	359,59	49,959	★★★ 498,05	-0,01%	― 97129	-0,03%
6	◌	Kandidat 2 (bestätigt)			★★★ 499,09	0,20%	★ 97083	-0,07%
7	◉	Kandidat 3	357,97	48,611	★★★ 498,08	0,00%	― 97155	0,00%
8	◌	Kandidat 3 (bestätigt)			✕ 510,09	2,41%	― 97128	-0,03%
*		*Neuer benutzerdefinierter Kandidat*	*355*	*47,5*				

Abbildung 24: Verifizierte Ergebnisse nach Designraumverkleinerung

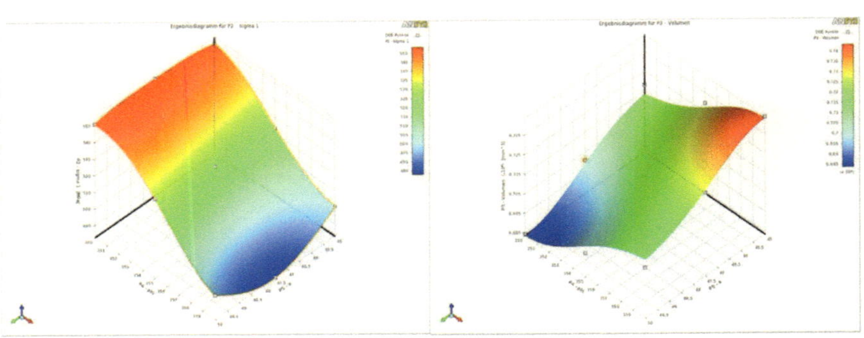

Abbildung 25: Antwortflächen nach Designraumverkleinerung

Nach nochmaliger Designraumverkleinerung besitzen die Ergebnisse eine gute Approximation. Die Optimierung ist damit abgeschlossen und kann als erfolgreich angesehen werden.

Das Beispiel hat uns gezeigt, wie Kerbspannungen an Bauteilen reduziert werden können. Durch den Einsatz von Parametern wird die Suche nach der optimalen Variable erheblich vereinfacht.

2.3. Beulanalyse

Im Thema Beulanalyse soll das Ausbeulen von Bauteilen unter Lasteinwirkung untersucht werden. In unserem Beispiel handelt es sich wieder um das 2D Modell Scheibe.

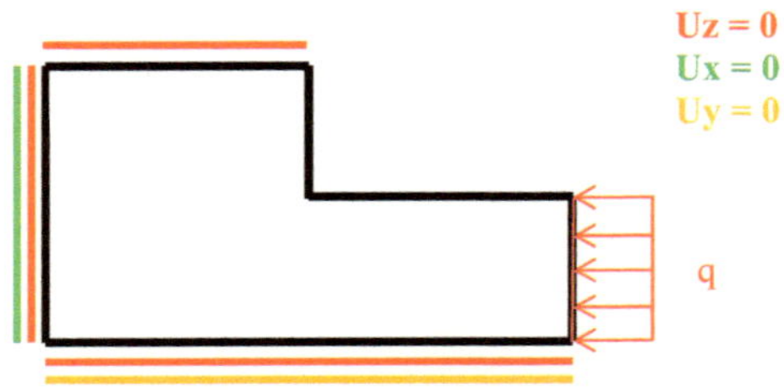

Abbildung 26: Scheibenmodell mit Festhaltungen

In der Theorie beruht das Beulen auf folgenden theoretischen Grundlagen:

$$(\underline{K} + \underline{S}) \cdot \underline{u} = \underline{f_a}$$

K: Steifigkeitsmatrix

S: Spannungsversteifungsmatrix

K und S sind linear abhängig von der Spannung. Wenn die Spannung also negativ wird (Druckbelastung), folgt daraus eine Schwächung des Bauteils. In unserem Versuch soll ermittelt werden, wie groß diese Last sein muss damit eine Schwächung des Bauteils eintritt.

$$\left[\underline{K} + \underline{S}\left(\sigma\left(\lambda \cdot \underline{f_a}\right)\right)\right] \cdot \underline{\varphi} = 0$$

$$\left[\underline{K} + \lambda \cdot \underline{S}\left(\sigma\left(\underline{f_a}\right)\right)\right] \cdot \underline{\varphi} = 0$$

ϕ: Beuleigenform

f_a: Referenzlast

λ: Lastmultiplikator

Damit ergibt sich:

$$f_{Krit} = \lambda \cdot \underline{f_a}$$

Die Scheibe wird nach Abb. 26 festgehalten und ein Liniendruck q von 10 N/mm² aufgebracht. Es wird wieder eine statisch-mechanische Analyse angelegt und eine lineare Beulanalyse eingefügt. Zur Berechnung auf Beulen sind nun folgende Schritte notwendig.

- Analyseeinstellungen
- Suchende Moden auf 5 → 5 Eigenformen
- 5 Verschiebungskomponenten einfügen

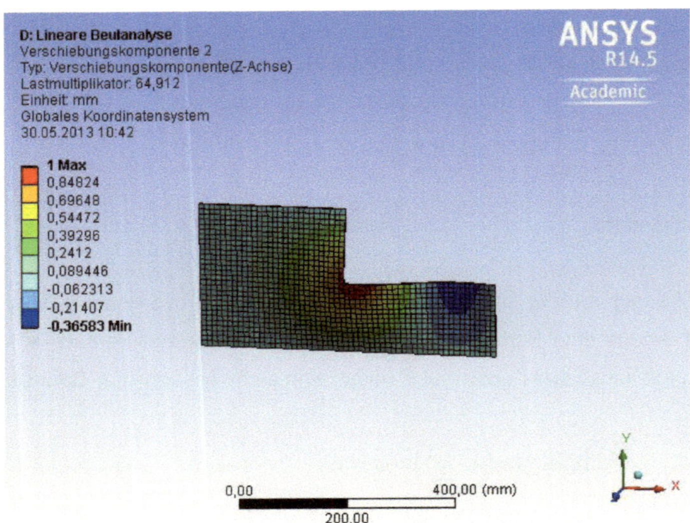

Abbildung 27: Zweite Eigenform des Beulens

In Abb. 27 ist die zweite Eigenform des Beulens dargestellt. Aus der Berechnung von ANSYS sind insgesamt 5 Eigenformen berechnet worden. Der in Abb. 28 ersichtliche Lastmultiplikator zeigt an welche Last erforderlich ist um die jeweilige Eigenform des Beulens zu erzeugen.

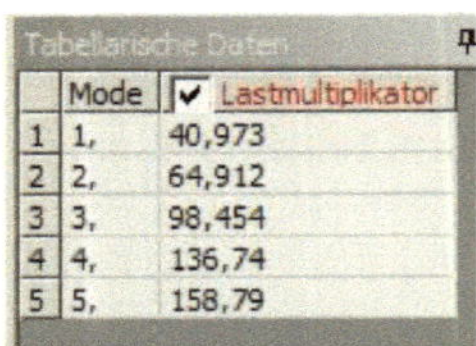

	Mode	✔ Lastmultiplikator
1	1,	40,973
2	2,	64,912
3	3,	98,454
4	4,	136,74
5	5,	158,79

Abbildung 28: Lastmultiplikatoren

Zur Verbesserung des Ergebnisses werden nun Versteifungen ins Modell eingebracht. Und die Berechnungen zur Beulanalyse werden erneut ausgeführt.

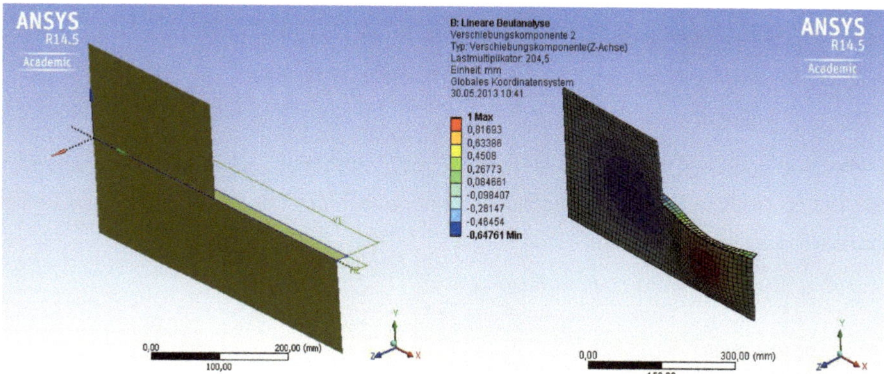

Abbildung 29: Modell mit Versteifung/ Zweite Eigenform der Beulung

Durch die Versteifung ergeben sich neue Lastmultiplikatoren für die 5 Eigenformen.

	Mode	✔ Lastmultiplikator
1	1,	115,7
2	2,	204,5
3	3,	219,84
4	4,	250,7
5	5,	301,3

Abbildung 30: Lastmultiplikator mit Versteifung

Durch das Einbringen der Versteifung hat sich die Beullast um den Faktor 2,83 erhöht. Alternativ zur Versteifung besteht die Möglichkeit die Dicke des Bauteils zu verändern. Um die Wirtschaftlichkeit der beiden Verfahren zu beurteilen, schauen wir uns einmal den Volumenverbrauch an Material für die beiden Verfahren an.

Versteifung

$$\Delta V = 2mm \cdot 20mm \cdot 560mm = 22400mm^3$$

Erhöhung der Dicke ($I \sim h^3$)

$$Faktor = \sqrt[3]{2{,}83} = 1{,}41$$

$$\Delta V = (1{,}41 - 1) \cdot 3 \cdot 4 \cdot 280 \cdot 140 = 194000mm^3$$

Für die Veränderung der Dicke ist 8,7-mal mehr Volumen erforderlich um dieselbe Steifigkeit zu erreichen. Aus wirtschaftlicher Sicht betrachtet ist das Einbringen einer Steife also als sinnvoller zu betrachten.

2.4. Modalanalyse

Die Modalanalyse dient dazu die Eigenfrequenzen eines Bauteils unter Lasteinwirkung zu ermitteln. Als Grundmodell dient wiederum die Scheibe aus der Beulanalyse, wobei die Steife vor Start der Berechnungen auszublenden ist. Die Modalanalyse wird nun wieder in die statisch-mechanische Analyse eingefügt und fünf Verschiebungskomponenten festgelegt. Der Liniendruck wird auf einen Wert von 10^{-9} gesetzt um nahezu ohne eine Vorspannung rechnen zu können. Die Berechnung wird in diesem Fall statisch ohne eine Berücksichtigung der zeitlichen Verläufe gelöst.

Die theoretische Grundlage der Berechnung ergibt sich aus:

$$\left(\underline{K} - \omega^2 \cdot \underline{M}\right) \cdot \varphi = 0$$

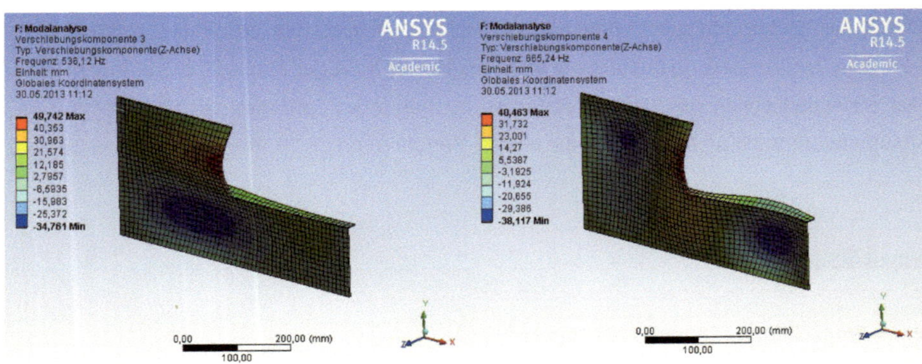

Abbildung 31: Dritte Form der Eigenfrequenz/ Vierte Form der Eigenfrequenz

Die Berechnungen liefern fünf Formen der Eigenfrequenzen die im Bauteil auftreten können. Es sind noch viel mehr vorhanden aber in unserem Beispiel wurden nur fünf Verschiebungskomponenten eingefügt, weshalb ANSYS lediglich 5 Eigenformen berechnet hat.

Tabelle 10: Eigenfrequenzen des Bauteils

	Mode	✔ Frequenz [Hz]
1	1,	157,14
2	2,	390,94
3	3,	536,12
4	4,	665,24
5	5,	731,4

Die Eigenfrequenzen des Bauteil wurden im vorangegangenen Beispiel ohne die Berücksichtigung einer Vorspannung betrachtet. Führen wir in unsere theoretische Formel die Vorspannung mit ein so ergibt sich:

$$\left(\underline{K} + \underline{S} - \omega^2 \cdot \underline{M}\right) \cdot \varphi = 0$$

Im folgenden wird nun die Vorspannung des Bauteils verändert und die einzelnen Frequenzen, sowie die Anzahl der dadurch entstandenen Halbwellen im Bauteil notiert.

Tabelle 11: Frequenzen unter Variation der Vorspannung

q in N/mm²	v1	v2	v3	v4	v5
	Anzahl der Halbwellen				
-100	164	400	539	676	740
	1x1	2x1	1x2	3x2	3x2
~0	157	392	536	666	732
	1x1	2x1	1x2	3x2	3x2
10	157	391	536	665	731
	1x1	2x1	1x2	3x1	3x2
1100	36	270	471	538	649
	1x1	2x1	2x2	3x1	3x2
1200	255	454	532	639	716
	2x1	2x2	3x2	3x2	4x2

Mit zunehmender Vorspannung nimmt die Frequenz ab. Bei einer Vorspannung von 1200 N/mm² springt die Anzahl an Halbwellen um eine Spalte nach links. Dies lässt sich durch die Überschreitung der Beullast erklären:

$$f > f_{Krit} \rightarrow \omega^2 < 0$$

v wäre damit imaginär. Dieses Verhalten wird jedoch vom Programm unterdrückt. Die Einwirkung von Druck erhöht bzw. senkt die Eigenfrequenz, wird der Druck zu groß so entsteht Beulen.

2.5. Transiente Berechnung

2.5.1. Konstante Belastung

Bei der Transienten Berechnung werden nun auch die zeitlichen Verläufe in der Berechnung berücksichtigt. Das Modell ist die Scheibe mit unterdrückter Steife wie bereits in der Modalanalyse verwendet.

Zunächst wurden aus der Modalanalyse die Frequenzen v_1 und v_2 entnommen und daraus Periodendauer T_1 und T_2 bestimmt.

$$v_1 = 129\ Hz \rightarrow T_1 = \frac{1}{129} = 0{,}0078\ s$$

$$v_2 = 221\ Hz \rightarrow T_1 = \frac{1}{221} = 0{,}0045\ s$$

Ebenfalls wurde t_{ges} sowie ΔT für die darzustellende Schwingung festgelegt.

$$t_{ges} = 10 T_1 = 0{,}08\ s$$

$$\Delta T = \frac{T_2}{20} = 0{,}00022 s$$

Jetzt erzeugen wir eine transiente Strukturmechanik in dem wir diese in die statisch mechanische Analyse fallen lassen. Die Verschiebungsfesthaltungen werden von der statischen in die transiente Berechnung kopiert.

Als nächstes fügen wir eine externe Kraft von 100N an der Stelle x = 360 mm und y = 140 mm ein. Durch diese Vorgehensweise soll eine schlagartige Belastung des Bauteils simuliert werden. ANSYS berechnet nun die entstehende Schwingung im Bauteil.

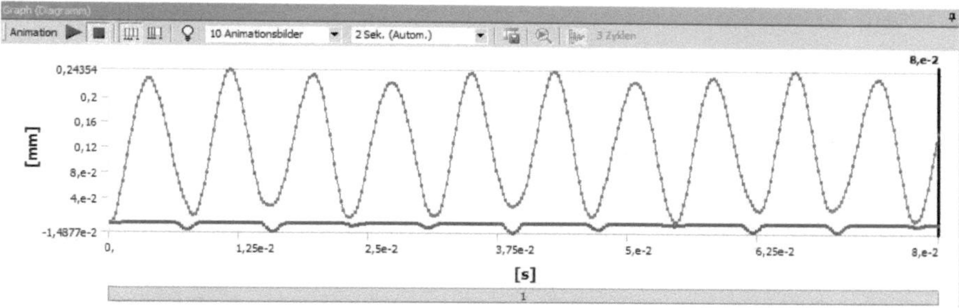

Abbildung 32: Schwingung mit einer externen Kraft

Durch das Aufbringen einer einmaligen Belastung durch eine externe Kraft, wird eine Schwingung ausgelöst.

$$T = (1,96 - 1,17) \cdot 10^{-2} = 0,0079 \approx T_1$$

Diese Schwingung entspricht ungefähr der Eigenfrequenz v_1 des Bauteils.

Nun sollen am Bauteil zwei externe Kräfte in entgegengesetzter Richtung eingebracht werden. Die zweite Kraft soll außerdem um ΔT zeitversetzt ausgelöst wirken.

F1 : 100N x = 430 mm y = 140 mm

F2 : -100N x = 150 mm y = 140 mm

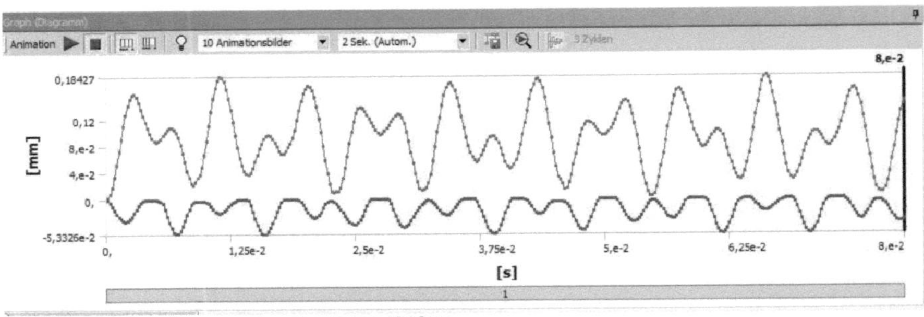

Abbildung 33: Schwingung mit zwei externen Kräften

In Abb. 33 ist die entstandene Schwingung durch die Aufbringung von zwei externen Kräften zu beobachten. Bestimmen wir die Schwingungsdauer so erhalten wir ungefähr die Eigenfrequenz.

$$\tilde{T}_1 = (2{,}00 - 1{,}14) \cdot 10^{-2} = 0{,}0086 \approx T_1$$

$$\tilde{T}_2 = (6{,}6 - 2{,}9) \cdot 10^{-2} = 0{,}0037 \approx T_2$$

Im nächsten Schritt soll die zweite Eigenform des Bauteils angeregt werden. Dazu muss die dazu erforderliche Kraft aus der statischen Analyse bestimmt werden. Aus der Modalanalyse ergibt sich ein Verhältnis von Max/Min von 1,76.

Tabelle 12: Kraftbestimmung für zweite Eigenform

F_2	Max/Min
-100	7
-200	0,89
-150	2,17
-160	1,80

Damit ergibt sich für F_2 ein Wert von -160 N welcher nun in die transiente Berechnung übernommen werden kann.

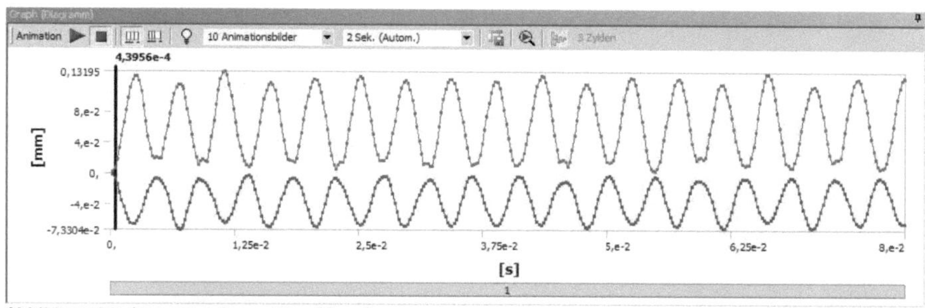

Abbildung 34: Anregung der zweiten Eigenform

$$\tilde{T} = (2,07 - 1,61) \cdot 10^{-2} = 0,0046 \approx T_2$$

Durch Aufbringung der beiden Kräfte konnte die zweite Eigenform angeregt werden welche in Abb.28 zu sehen ist.

Abschließend kann man sagen, dass eine Eigenfrequenz die Frequenz ist, mit der das System schwingt, nachdem eine einmalige Anregung der jeweiligen Eigenform erfolgt ist.

2.5.2. Harmonische Erregung

Im Versuch Harmonische Erregung soll nun der Einfluss einer sinusförmigen Erregerschwingung auf das bereits bekannte Bauteil untersucht werden. Dabei gilt für die Sinusschwingung:

$$F(t) = \bar{F} \cdot sin \cdot \omega \cdot t$$

$$\omega = Eigenkreisfrequenz = 2\pi v$$

Im Versuch sollen Schwingungen unterschiedlicher Frequenzen auf das Bauteil analysiert werden um die verschiedenen Einflüsse zu verdeutlichen.

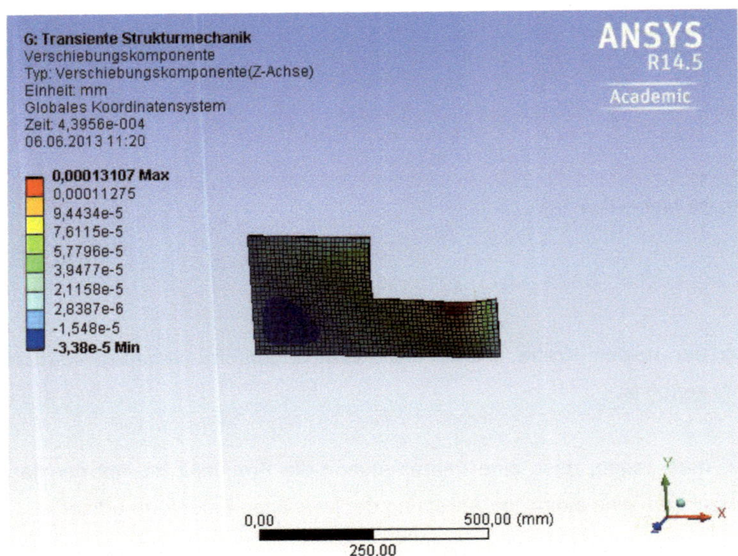

Abbildung 35: Bauteil mit Sinusförmiger Erregerschwingung

Aus Tab. 13 ist die Frequenz der Erregerspannung sowie die zugehörige Maximal Amplitude abzulesen. Die folgenden Diagramme visualisieren das Schwingungsverhalten des Bauteils als Reaktion auf die Erregerschwingung.

Tabelle 13: Amplitude in Abhängigkeit der Frequenz

v	Max. Amplitude
10	0,151
50	0,23
115	1,20
120	1,892
129	3,7187

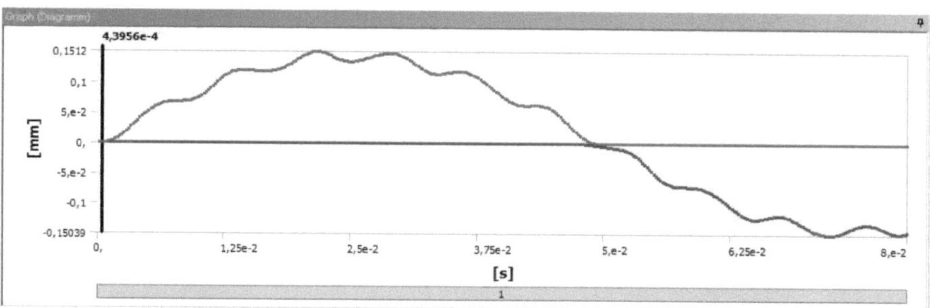

Abbildung 36: Schwingung bei Erregerschwingung mit 10 Hz

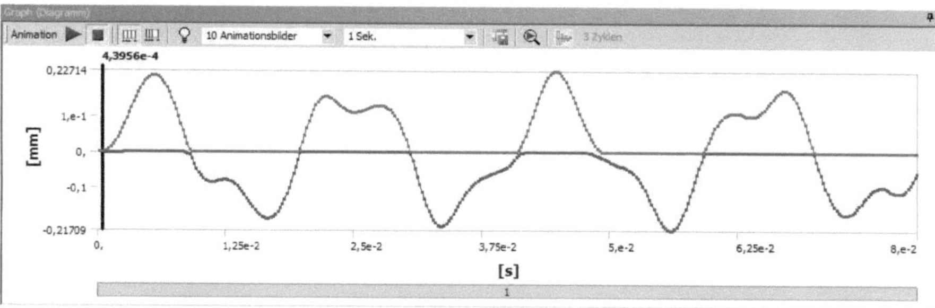

Abbildung 37: Schwingung bei Erregerschwingung mit 50 Hz

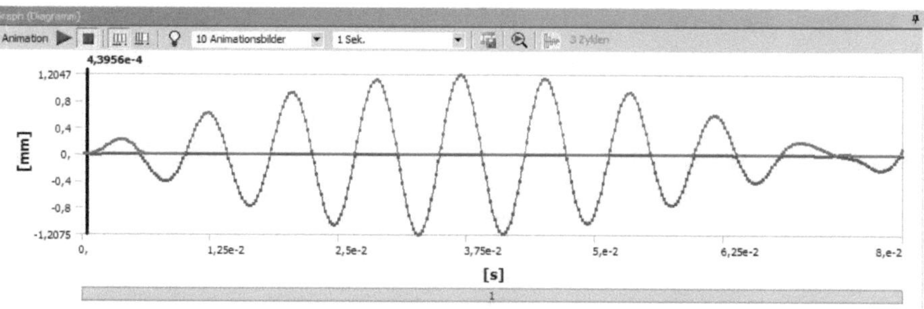

Abbildung 38: Schwingung bei Erregerschwingung mit 115 Hz

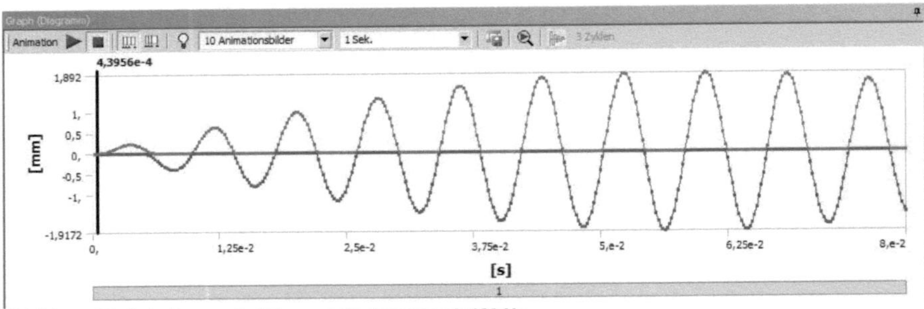

Abbildung 39: Schwingung bei Erregerschwingung mit 120 Hz

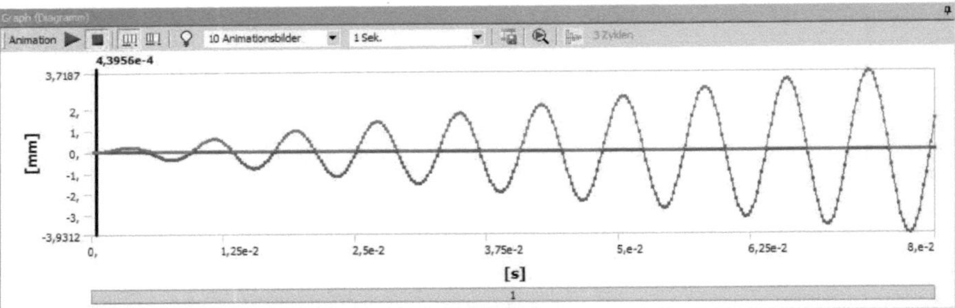

Abbildung 40: Schwingung bei Erregerschwingung mit 129 Hz

Nach der Einschwingphase schwingt das erregte System mit der Erregerfrequenz. Nahe der Eigenfrequenz können Schwebungen (additive Überlagerung zweier Schwingungen) auftreten, bei der die Amplitude bis ins unendliche steigt. Wird die Erregerfrequenz gleich der Resonanzfrequenz so tritt eine Resonanz im System auf (Abb.40), welche in der Praxis teilweise gewollt genutzt wird jedoch auch eine zerstörerische Wirkung vollziehen kann.

3. Fazit

Das Labor Finite Elemente hat erste Einblicke in die numerischen Verfahren zur Lösung von Bauteilbeanspruchungen gegeben. Anhand der Software ANSYS Workbench wurde anschaulich anhand unterschiedlicher Beispiele die grundlegende Vorgehensweise vermittelt. Des weiteren wurde durch spezielle Übungen darauf hingewiesen das Numerische Verfahren nur gut funktionieren können wenn die bekannten Parameter und Randbedingungen korrekt verwertet werden. Denn durch falsche oder schlechte Randbedingungen wird das Ergebnis erheblich verfälscht. Ebenfalls sollte ein errechnetes Ergebnis nicht einfach hingenommen werden sondern nach Prüfung der Plausibilität durch Experimente wie die bspw. die Verfeinerung des Netzes weiter optimiert werden.

Einige Werte in diesem Bericht (speziell die Parametervariation) wurden nach Absprache von der Herrn Prof. Rust von der Tafel übernommen, da die eigenen Berechnungen mit ANSYS leider nicht plausibel erschienen. Daher stimmen einige folge Werte nicht mit den Zwischenwerten überein.

Abschließend lässt sich sagen, dass das Labor sehr aufschlussreiche Einblicke in das Verfahren gegeben hat, sodass der spätere Einstieg wohl um einiges leichter fallen wird. Am Anfang war es zwar recht schwer dem Laborverlauf zu folgen da auch die theoretischen Grundlagen der dazugehörigen Vorlesung leider noch fehlten. Doch durch die praktischen Übungen, sowie die theoretischen Grundlagen der Vorlesung ist letztlich ein positiver Einblick in die Methode der Finiten Elemente gelungen.

4. Abbildungsverzeichnis

Abbildung 1: Geometrische Abmessungen Kragarm 3
Abbildung 2: Verschiebung...4
Abbildung 3: Einzelskizzen 6
Abbildung 4: Durchbiegung/ Schubspannung Schalenelement (Elementgröße 17,5)..........7
Abbildung 5: Kragarm mit Streckenlast 8
Abbildung 6: Lokale Netzverfeinerung...9
Abbildung 7 :Lagerungspunkte 10
Abbildung 8: Spannungen bei der externen Verschiebung...11
Abbildung 9: Flächenmodell mit einspringender Ecke 12
Abbildung 10: Fläche mit einspringender Ecke 13
Abbildung 11: Spannungsverlauf...14
Abbildung 12: Flächenmodell mit Ausrundung...15
Abbildung 13: Flächenmodell mit Ausrundung...16
Abbildung 14: Spannung in Abhängigkeit vom Radius 17
Abbildung 15: Flächenmodell mit Freistich 18
Abbildung 16: Flächenmodell mit Freistich 18
Abbildung 17: Parameter Auswertung 19
Abbildung 18: Ergebnis der Parameterstudie...20
Abbildung 19: Radius in Abhängigkeit von Spannung und Volumen.................................21
Abbildung 20: Optimierungseinstellungen..21
Abbildung 21: Ergebnisse der Optimierung des Abstands und Winkels.............................22
Abbildung 22: Verifizierte Ergebnisse 22
Abbildung 23: Antwortflächen..23
Abbildung 24: Verifizierte Ergebnisse nach Designraumverkleinerung.............................23
Abbildung 25: Antwortflächen nach Designraumverkleinerung 24
Abbildung 26: Scheibenmodell mit Festhaltungen..24
Abbildung 27: Zweite Eigenform des Beulens...26
Abbildung 28: Lastmultiplikatoren..26
Abbildung 29: Modell mit Versteifung/ Zweite Eigenform der Beulung 27
Abbildung 30: Lastmultiplikator mit Versteifung 27
Abbildung 31: Dritte Form der Eigenfrequenz/ Vierte Form der Eigenfrequenz 28
Abbildung 32: Schwingung mit einer externen Kraft...31
Abbildung 33: Schwingung mit zwei externen Kräften 32
Abbildung 34: Anregung der zweiten Eigenform 33
Abbildung 35: Bauteil mit Sinusförmiger Erregerschwingung 34
Abbildung 36: Schwingung bei Erregerschwingung mit 10 Hz 35
Abbildung 37: Schwingung bei Erregerschwingung mit 50 Hz 35
Abbildung 38: Schwingung bei Erregerschwingung mit 115 Hz 35
Abbildung 39: Schwingung bei Erregerschwingung mit 120 Hz 36
Abbildung 40: Schwingung bei Erregerschwingung mit 129 Hz 36

5. Tabellenverzeichnis

Tabelle 1: Verschiebung in Abhängigkeit von Knoten und Elementen 5
Tabelle 2: Verschiebung ohne Mittenknoten 5
Tabelle 3: Spannungen in Abhängigkeit der Elementgröße bei Punktlast 6
Tabelle 4: Spannungen in Abhängigkeit der Elementgröße bei Streckenlast 8
Tabelle 5: Schubspannung bei lokaler Netzverfeinerung 9
Tabelle 6: verschiedene Lagerungsarten beim Volumenmodell 10
Tabelle 7: Spannungen an der einspringenden Ecke 14
Tabelle 8: lokale Netzverfeinerung der Ausrundung 15
Tabelle 9: lokale Netzverfeinerung der beiden Kanten 15
Tabelle 10: Frequenzen unter Variation der Vorspannung 29

6. Literaturverzeichnis

Aufgaben zum FEM-Labor 1 zur Bearbeitung mit ANSYS Workbench Prof.Dr.-Ing.Wilhelm
Rust Ausgabe: Februar/März 2012